CATALOGUE ET PRIX

DES

INSTRUMENS DE MATHÉMATIQUES

QUI SE CONSTRUISENT DANS L'ÉTABLISSEMENT

DE LENOIR,

INGÉNIEUR DU ROI EN INSTRUMENS A L'USAGE DES SCIENCES,

MEMBRE DE LA LÉGION-D'HONNEUR,

RUE CASSETTE, N°. 14, FAUBOURG St.-GERMAIN.

CATALOGUE ET PRIX

DES

INSTRUMENS DE MATHÉMATIQUES

QUI SE CONSTRUISENT DANS L'ÉTABLISSEMENT

DE LENOIR,

INGÉNIEUR DU ROI EN INSTRUMENS A L'USAGE DES SCIENCES,
MEMBRE DE LA LÉGION-D'HONNEUR,

RUE CASSETTE, N°. 14, FAUBOURG St.-GERMAIN.

Francs.

ALIDADE à lunette de $0^m,50$ de longueur; la lunette est achromatique; le support est à double mouvement; ladite, dans sa boîte. 80

Nota. Ce double mouvement donne l'avantage de diminuer le volume de l'instrument.

ALIDADE à lunette, objectif achromatique . . 60

ALIDADE à lunette, objectif simple. 50

Pour deux pinnules placées sur la lunette . . 6

ALIDADE à pinnules. 40

Pour graver une échelle quelconque sur la règle de l'alidade. 4

ALIDADE à visière en bois. 15

4

Boussole d'inclinaison toute en cuivre rouge avec cercle horizontal; l'aiguille, ayant $0^m,2$ de long, est supportée sur agate; ces boussoles sont propres à observer avec exactitude l'inclinaison et ses variations; ladite, dans sa boîte.   700

Boussole de déclinaison; l'aiguille de $0^m,2$ de long, se retourne pour s'assurer si l'axe magnétique passe bien par les pointes de l'aiguille; la moitié de la différence, s'il y en a, donne la vraie direction. Cet instrument est construit de manière à ce que la lunette peut mesurer des angles horizontaux et verticaux, indépendamment de la boussole. Elle est portée sur un triangle. .   600

Boussole carrée à lever les plans de $0^m,17$, toute en cuivre rouge, à lunette à objectif simple, l'aiguille se retourne, genou à boule et à crochet.   200

Boussole-Messiat, toute en bois.   115

Boussole tranche-montagne; *idem*. . .   150

Un triangle en plus pour lesdites boussoles.   20

Le pied à six branches, en plus. . . .   25

Francs.

Le pied ordinaire à trois branches........ 12

Nota. Le triangle donne beaucoup de facilité pour mettre la boussole horizontale.

Le pied à six branches est d'une très grande solidité.

BOUSSOLE-STADIA, à lunette; deux niveaux à angle droit sont fixés sur le plan de la boussole; le fond en cuivre rouge, tournant par engrenage, et l'aiguille se retournant; ladite, dans sa boîte.. 220

Plus la mire-Stadia dépendante de ladite boussole, dont les divisions sont en rapport avec l'écartement des fils placés dans la lunette de cette boussole conforme à la description indiquée dans le *Mémorial du dépôt de la guerre*, tome IV, 1828, page 74. . . 50

BOUSSOLE ordinaire à lunette de $0^m,17$ de diamètre. 70

BOUSSOLE, *idem*, sans lunette. 50

BOUSSOLE portative ronde, en cuivre rouge et à prisme; l'aiguille de 0,066. . . 50

BOUSSOLE en forme de montre, dite de poche. 25

BOUSSOLE en bois d'acajou de $0^m,03$ de diamètre, à couvercle. 6

BOUSSOLE en bois d'acajou très petite, sans

Francs.

couvercle. 5

Baromètre marin à cuvette en peau, avec
thermomètre et suspension de cardan. 150

Baromètre marin à cuvette en peau, avec
thermomètre, sans suspension. 120

Baromètre marin à cuvette en peau, sans
suspension et sans thermomètre. . . 100

Baromètre à siphon de M. Gay-Lussac,
dans un tube de cuivre, qui porte les
divisions et se renferme dans une
canne en bois. 50

Baromètre à siphon et à robinet sur planche en noyer, avec échelles aux deux
extrémités portant un thermomètre. . 120

Baromètre, *idem*, sans thermomètre. . 100

Canne métrique. 6

Double mètre en canne. 15

Cassette très belle en acajou, fermant
à clef, doublée en velours, contenant
trois compas finis et assortis, avec
leurs pointes de rechange, tire-lignes
à porte-crayon, compas de proportion,
équerre, grand rapporteur en cuivre
et grand rapporteur en corne ; tous

Francs.

les tire-lignes sont à palettes renversées. 100

CASSETTE en acajou, sans serrure, contenant les trois compas seulement, un
tire-lignes à manche, et un grand
rapporteur en corne; les tire-lignes à
palettes renversées. 45

CASSETTE en peau ou en noyer, doublée en velours, contenant trois
compas, un tire-lignes à manche, une
règle en buis portant les deux divisions, et un petit rapporteur en corne.. 3o

CERCLE répétiteur astronomique, de
0^m,44 de diamètre, divisé de dix en
dix minutes; alidade à quatre verniers
qui donnent de vingt en vingt secondes; monté sur un pied en fer; ledit 3,000

CERCLE répétiteur astronomique, de
0^m,3o de diamètre, divisé de dix en
dix minutes; alidade à deux verniers
donnant de trente en trente secondes;
monté sur une colonne et pied à six
branches. 1,25o

CERCLE répétiteur astronomique, de
0^m,3o de diamètre, à limbe d'argent 1,3oo

CERCLE répétiteur astronomique, sem-

Francs.

blable au précédent, de $0^m,17$ de diamètre, donnant, par le vernier, les
minutes d'une en une; de même, avec
son pied à six branches. 550

Cercle répétiteur géodésique, de $0^m,20$
de diamètre, avec genou à mouvement,
pour mettre l'instrument dans le plan
des objets; *sans pied*. 500

Cercle répétiteur à réflexion, de $0^m,28$
de diamètre, conforme à la description
de Borda, son auteur. 400

Cercle répétiteur à réflexion, avec un
arc subsidiaire; ledit, dans sa boîte 440

Un pied en cuivre pour ledit cercle,
pour la facilité des observations à
terre; ce pied est muni d'un niveau
qui remplace avantageusement l'horizon artificiel; ledit pied. 250

Cercle à réflexion, de $0^m,17$ de diamètre 250

Cercle-Théodolithe, de $0^m,26$ de diamètre, monté sur triangle et pied à
six branches, en noyer. Cet instrument est construit pour garder la po-
sition horizontale, laquelle est indiquée par deux niveaux à angle droit
pratiqués dans le corps de l'instru-

Francs.

ment, et les lunettes sont plongeantes, afin de les ajuster sur les objets plus ou moins élevés. Les verniers donnent directement les secondes de trente en trente.

Ledit instrument contenu dans sa boîte 535

Cercle-Théodolithe répétiteur, c'est à dire la lunette inférieure, ayant un mouvement indépendant autour du cercle; ce qui donne l'avantage de répéter les angles. 615

Cercle-Théodolithe répétiteur, ayant, de plus, l'avantage de mesurer les hauteurs au dessus et au dessous de l'horizon, et pour cet effet la lunette supérieure est construite de manière à pouvoir mettre exactement l'axe de la lunette à angle droit avec le zéro de l'arc divisé et celui de la petite alidade qui se meut devant, et qui indique la hauteur de deux minutes en deux minutes. 635

Nota. A tous ces cercles il faudrait ajouter, pour les avoir divisés sur un limbe d'argent. 50
. . . .

Cercle géodésique de 0^m,20 de diamètre,

Nota. Tous ces compas sont à pointes d'acier, V. p. 22.

Francs.

DÉCLINATOIRE, même rayon que les boussoles d'arpenteur. 25

DÉCAMÈTRE en chaîne avec fiches. 12

DÉCAMÈTRE en ruban, renfermé dans une boîte. 10

DOUBLE MÈTRE en canne. 15

DOUBLE DÉCIMÈTRE en ivoire. 3

Idem, en buis. 1

DOUBLE DÉCIMÈTRE triangulaire en ivoire renfermé dans un étui. 5

Idem, en buis. . . . . . . 75 centimes.

———

ÉCHELLE simple sur cuivre ou ivoire, de 0^m,25 de long. 5

Idem, double. 8

Idem, triple. 10

Idem, quadruple ou à double entrée. . 12

ÉCHELLE portant deux biseaux sur lesquels sont divisées de mètre en mètre les échelles de 1 à 5,000, 2,500 ou 1,250, sur cuivre ou ivoire, de 0^m,25 de long. 25

Idem, n'ayant qu'un biseau. 15

ÉCHELLE d'un mètre de long, divisée sur biseau, dans une boîte. 40

Francs.

Idem, divisée sur deux biseaux.. 60

ÉQUERRE à réflexion. 25

ÉQUERRE d'arpenteur cylindrique. . . . 18

Idem à fenêtre. 25

Pour l'addition d'une boussole sur l'é-
    querre, et qui s'ôte à volonté. 10

ÉQUERRE assemblée, en cormier ou en
    ébène. 5

Idem, en cormier, d'un seul morceau . 2

ÉQUERRE pliante, en cuivre. 9

ÉQUATORIAL dont les cercles ont 0^m,20 de
    diamètre. 1,500

ÉTALON en fer d'un mètre, divisé et
    dans sa boîte fermant à clef. 110

ÉTALON en cuivre, d'un mètre, dans sa
    boîte. 60

ÉTALON en cuivre, d'un pied, divisé. . 10

ÉTALON en cuivre, d'un double décimètre 8

ÉTALON en cuivre, d'un décimètre. . . 6

———

FICHES en fer, le paquet de dix. . . . 2

———

GRAPHOMÈTRE à lunettes, de 0^m,20 de
    diamètre. 160

GRAPHOMÈTRE *idem idem*, avec vis de

Francs.

rappel à l'alidade.. 200

GRAPHOMÈTRE *idem idem*, ayant, de plus, vis tangente pour le mouvement horizontal. 250

GRAPHOMÈTRE à pinnules de 0^m,16 de diamètre.. 60

GRAPHOMÈTRE *idem*, de 0^m,23. 70

GRAPHOMÈTRE *idem idem*, avec boussole 90

GARNITURE de compas. 18

Idem de compas supérieurs. 21

Idem de compas à charnière. 25

Horizon artificiel de 0^m,12 de diamètre, en glace noircie. 60

Horizon artificiel, de 0^m,10, *idem*. . . 50

Lunette à prisme de M. Rochon. . . . 300

Nota. Ces lunettes mesurent les distances par le moyen de la double réfraction et à l'aide d'une mire, ou d'un objet dont la dimension est connue.

Lunette à micromètre, à fils fixes ou mobiles. . . . . »

Lunette-Méridienne. . . . . »

Nota. Il est impossible d'assigner de prix à ces sortes de lunettes, dont les dimensions ne peuvent pas être déterminées.

Francs.

Mètre en ébène, garni en cuivre et divisé. 15

Mètre en bois, garni *idem.* 5

Mètre en canne. 6

Mire à coulisse, donnant 3^m,50 d'élévation. 40

Mire à une seule branche, avec bride et
vernier pour donner les millimètres,
adaptés au voyant mobile, pouvant
déployer 2 mètres d'élévation. 20

Mire *idem*, mais sans vernier. 15

———◦◦◦———

Niveau-Cercle à lunette, première construction; la lunette peut garder le
niveau sur tous les points de l'horizon, le niveau étant rectifiable, avec
le pied à six branches. . . . . ~~225~~ *180*

Niveau-Cercle. *idem*, deuxième construction, ayant, de plus, la faculté
de mesurer les angles, moyennant une
alidade-support, sur laquelle se pose
la lunette. . . . . ~~285~~ *260*

Niveau-Cercle, troisième construction.
Ce dernier est muni d'une seconde lunette, qui a un mouvement indépen-

Francs.

dant autour du cercle. Cette lunette
indique si le cercle s'est dérangé en
faisant mouvoir la lunette supérieure,
et donne en sus la faculté de répéter
les angles à volonté. . . . .   ~~325~~ *300*

Niveau-Cercle, quatrième construction.
Ce niveau, semblable à celui de la
troisième construction, a, de plus, un
arc de cercle divisé et une petite alidade, qui tient au pivot de la lunette
et qui indique les angles verticaux en
dessus et en dessous de l'horizon. Ni-
veau rectifiable et pied à six branches   ~~355~~ *330*

Niveau à lunette achromatique de $0^m,5$
de long, monté sur triangle et pied à
six branches. Il tourne sur un axe en
fer, et peut garder le niveau sur tous
les points de l'horizon lorsqu'il est
bien rectifié. . . . , ...   360

Niveau à plateau monté sur un triangle
et pied à trois branches.   150

Nota. Cet instrument ne diffère du niveau-cercle
première construction, qu'en ce qu'il ne donne le
niveau que dans la ligne sur laquelle il est dirigé;
mais on ramène facilement la bulle d'air au milieu
de son tube par une ou deux vis du triangle, quand
on change de direction.

Francs.

Niveau à pinnules. 50

Niveau de pente selon Chézy, décrit par
   M. Bisson dans son *Essai sur le nivel-
lement*. 200

Niveau réflecteur sans pied. 35

Niveau d'eau en cuivre brisé en trois,
   avec genou à mouvement horizontal,
   sans pied. 120

Niveau d'eau en fer-blanc 15

Niveau à bulle d'air, simple, de 0^m,16 de
   long. 12

Niveau, *idem*, plus petit, de 0^m,10. . . 10

Niveau à bulle d'air rectifiable. . . . 25

Niveau en croix. 25

Niveau en cristal nu, dans un étui. . . 10

———

Pantographe à verges en cuivre creuses. 220

Planchette de Lenoir à tout mouvement, pied en noyer. 160

Planchette à la Savard. 120

Planchette simple, avec son pied. . . 42

Planchette avec mouvement dans la
   boule du genou et vis de pression. . 52

Pour addition de rouleaux. 30

Francs.

Pᴇᴛɪᴛᴇ Pʟᴀɴᴄʜᴇᴛᴛᴇ ployée en forme de
rouleau.   25
Pᴜɴᴀɪsᴇs ou clous à plan, la douzaine.   5

———❦———

Rᴀᴘᴘᴏʀᴛᴇᴜʀ à alidade de $0^m,25$ de diamètre, divisé en demi-degrés, et les
verniers donnant la minute.   70
Rᴀᴘᴘᴏʀᴛᴇᴜʀ, *idem*, de $0^m,20$ de diamètre, même division, etc.   60
Rᴀᴘᴘᴏʀᴛᴇᴜʀ de $0^m,16$, en cuivre, pour
cassette.   12
Rᴀᴘᴘᴏʀᴛᴇᴜʀ en corne, de $0^m,10$.   2
Idem, de $0^m,16$.   5
Idem, à la Mᴇssɪᴀᴛ.   8
Idem, de $0^m,22$.   9
Rᴇɢʟᴇ de ressort en acier de $2^m,50$ de
longueur, parfaitement dressée sur les
deux champs.   80
Rᴇɢʟᴇ *idem*, de $1^m,25$.   30
Rᴇɢʟᴇ *idem*, d'un mètre, divisée en centimètres.   30
Rᴇɢʟᴇ *idem*, d'un mètre, sans division.   20
Rᴇɢʟᴇ, *idem*, de $0^m,50$, divisée en centimètres.   15

Francs.

RÈGLE, *idem*, de 0^m,50, sans division... 10

Nota. Ces règles sont en acier fondu; elles sont dressées sur les deux champs; elles ont le grand avantage de ne jamais se gauchir. Leur peu d'épaisseur les rend légères et flexibles; ce qui permet de les appliquer exactement sur le plan, quand bien même il serait ondulé. Elles sont larges, ce qui donne la facilité de les charger de corps lourds pour les rendre invariables sur le plan : elles ont aussi la propriété de ne pas noircir le papier.

RÈGLE en bois d'ébène d'un mètre de long; dressée sur toutes les faces. . .   9

RÈGLE, *idem*, de 0^m,20.   2

RÈGLE en bois de pommier ou cormier de 2 mètres de long. 3o

RÈGLE, *idem*, de 0^m,20. 1 franc 5o cent.

RÈGLE en cuivre d'un mètre de long, divisée sur le biseau dans toute sa longueur, et renfermée dans sa boîte.   4o

RÈGLE *idem*, à deux biseaux, même division. 6o

Nota. Ces règles portent ordinairement les échelles du cadastre, qui sont celles de 1 à 5,000 = 2,500 ou 1,250. Ces échelles sont divisées de 100 en 100 mètres dans toute la longueur de la règle sur le biseau, et 100 mètres sont divisés de mètre en mètre.

RÈGLE à calcul en ivoire, de 0^m,35 de longueur, contenue dans une boîte en

Francs.

acajou. 70

Règle *idem*, en buis. 15

Règle à calcul en ivoire, de 0^m,25 de long, dans un étui. 30

Règle *idem*, en buis. 5

————

Sextant en cuivre de 0^m,20 de rayon, vis de rappel à l'alidade et à la lunette, renfermé dans sa boîte en noyer. . . 220

Sextant en cuivre de 0^m,20 de rayon, sans vis de rappel à la lunette. . . . 190

Sextant en cuivre de 0^m,20 de rayon, à visière simple, sans vis de rappel à l'alidade. 120

Sextant en cuivre de 0^m,15 de rayon, à lunette à vis de rappel à l'alidade et à la lunette, dans sa boîte. 200

Sextant en cuivre de 0^m,15 de rayon, sans vis de rappel à la lunette. . . . 170

Sextant en cuivre de 0^m,15 de rayon, à visière, sans vis de rappel à l'alidade. 100

Sextant en cuivre de 0^m,20 de rayon, à lunette; il est construit en règles de champ, avec verres colorés entre les deux miroirs; vis de rappel à l'alidade

Francs.

et à la lunette. 320

Pour un objectif redressant les objets,
il faut ajouter. 12

Nota. A tous ces sextans il faut ajouter, pour la
division sur argent. 20

PETIT SEXTANT de poche de 0^m,05 de
rayon, avec petite lunette, dans son
étui. 80

THERMOMÈTRE en mercure, de 0^m,25 de
long, portant les divisions de Réau-
mur, et centigrade, contenu dans un
tube de verre. 35

THERMOMÈTRE en mercure, mêmes dimensions, fixé sur une planche en
cuivre et divisé de même. 30

Imprimerie de Mme. HUZARD (née VALLAT LA CHAPELLE),
rue de l'Éperon-Saint-André-des-Arts, n°. 7.

Compas séparés et autres piéces,
ainsi que les cassettes qui les renferment.

Cassette de 100.ᵈ toute complette.

Les compas sont à simple d'acier,
Les tire-lignes sont à charnière.

Compas de 0",17 à pointes changeantes
et alonge 14
Compas de 0, 11 simple 5
Compas de 0, 8 et ses pointes . . 11
Tire-ligne à porte-crayon en cuivre . 8
Compas de proportion de 0",17 . . 15
Équerre plate à charnière . . . 9
Régle en ébène divisée 1
Rapporteur en cuivre de 0",16 divisé
en demi-dégré 12
Rapporteur en corne, Idem, Id. . . 5
Cassette en acajou à double fond,
doublée en velour, fermant à clé . . 20

Cassette de 45.ᶠ

Les compas sont à simple d'acier,
Les tire-lignes sont à charnière.

Compas de 0",17 à pointes changeantes
et alonge 14
Compas de 0, 11 simple 5
Compas de 0, 8 et ses pointes . . 11
Tire-ligne à manche en ébène . . 6
Régle en buis divisée 1
Rapporteur en corne 2
Cassette en acajou, doublée en velour,
fermant à crochets 6

Cassette de 36.ᶠ

Les compas sont à simple d'acier,
les tire-lignes sont simples.

Compas de 0.ᵐ 17 à pointes changeantes
et alonge 11ᶠ
Compas de 0, 11 simple 5
Compas de 0, 8 et ses pointes . . . 8
Tire-ligne à manche en ébène . . . 3
Règle en buis divisée 1
Rapporteur en corne 2
Cassette en acajou, doublée en velour,
fermant à crochets 6

Cassette de 30.ᶠ

Les compas sont ordinaires,
les tire-lignes sont simples.

Compas de 0.ᵐ 17 à pointes changeantes
et alonge 9
compas de 0, 11 simple 4
Compas de 0, 8 et ses pointes . . 6
Tire-ligne à manche ordinaire . . 3
Règle en buis divisée 1
Rapporteur en corne 2
Cassette en noyer, doublée en velour,
fermant à crochets 5